谨以此书献给——
光荣的地质队员和
牺牲在山野的无名队友！

上善若水。 ——老子

智者乐水。 ——孔子

海纳百川，有容乃大。 ——林则徐

刘兴诗

—— 著 ——

刘兴诗爷爷讲地球

水的奥秘

上册

长江出版传媒 | 长江文艺出版社

图书在版编目（CIP）数据

水的奥秘：全二册 / 刘兴诗著. -- 武汉：长江文
艺出版社，2023.10
　　（刘兴诗爷爷讲地球）
　　ISBN 978-7-5702-3137-9

　Ⅰ．①水… Ⅱ．①刘… Ⅲ．①水—少儿读物 Ⅳ.
①P33-49

中国国家版本馆 CIP 数据核字 (2023) 第 091022 号

水的奥秘：全二册
SHUI DE AOMI : QUAN ER CE

责任编辑：叶　露　　　　　　　　责任校对：毛季慧
设计制作：格林图书　　　　　　　责任印制：邱　莉　胡丽平

出版：长江出版传媒 ｜ 长江文艺出版社
地址：武汉市雄楚大街 268 号　　　　邮编：430070
发行：长江文艺出版社
http://www.cjlap.com
印刷：湖北新华印务有限公司

开本：720 毫米×1000 毫米　　　1/16　　印张：15.25
版次：2023 年 10 月第 1 版　　　　 2023 年 10 月第 1 次印刷
字数：171 千字

定价：56.00 元（全二册）

目录

一、真正的"水星"

彗星撞击地球

地球，地球，七分水，三分陆，简直像一个水球。

地球，地球，不是"地中海"，而是"海中地"。

水星没有水，算什么水星？整个太阳系里，地球才是独一无二的"水星"。它应该得到这样的称号。

水星，谁不知道，它是太阳系八大行星之一，是咱们地球的小妹妹。

水星其实名不副实，它压根儿就没有一滴水。

这话怎么讲？说话要有根据，可不能随便说啊！

地球和水星，谁是真正的"水星"，这得从它们与太阳的距离来判定。

想一想，它们谁离太阳近？

沙漠中的骆驼商队

地球已经离太阳那么远了，但是咱们在夏天还是被太阳晒得受不了。洗的床单、衣服，一会儿就被晒干了。撒哈拉大沙漠、塔克拉玛干大沙漠等，这些有名的"蒸笼"更不用说，几乎能热死人。

你见过太阳暴晒下，从地上、水面上蒸腾起来的水蒸气吗？丝丝袅袅升上天空，一会儿湿的地面就被晒干。就算是池塘、湖泊，也经不住这样的暴晒。许多古代有名的内陆湖泊，就是这样一个个被晒干的。即使有的还有一些水，也蒸发成了盐湖，最终难逃消失的命运。

水星距离太阳这个超级大烤箱那么近，就算真的有水，也早就被太阳烘烤干了，哪能和与太阳离得远远的地球相比？

可是，水星没有水，怎么还叫这个名字呢？

这是人们的想象。因为它紧紧靠在太阳妈妈的身边，只有清晨才出现，是最美丽的晨星。它亮晶晶的，好像是挂在太阳妈妈脸庞上的一滴露珠儿。在诗人的笔下，它似乎就是水滴的象征，所以就被称作水星了。

是啊，水星名不副实。它其实只是一个干石头蛋儿，不断被火热的太阳炙烤着。咱们的地球，才是真正的"水星"。

不信，问宇航员吧。

从宇宙飞船上看地球，只见眼前的地球，就是一颗美丽的蓝色行星。那蓝色是什么呢？

宇航员说："蓝色就是无边无垠的海洋呀！"

不信，看地球仪吧。

辽阔的海洋，包围着中间一片片大陆。南极大陆像是一个"岛"，澳大利亚和非洲也是特殊的"岛"。南北美洲大陆，以

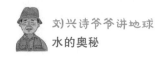
及面积最大的亚欧大陆，周围也被海洋团团包裹住，似乎也像是两个特大"岛屿"。

地球的结构不是"地中海"，而是"海中地"，其海洋面积远远超过陆地面积。

细细算一笔账。在地球表面，陆地只占约 29.2% 的面积，海洋却占了约 70.8%。三分地，七分水，海洋占了地球面积的三分之二还多呢！如果地球是一个光溜溜的大圆球，海水会淹没所有的地方，而且平均水深 2700 米。如果真是这样，从外面看，地球就完完全全是个"水星"了。

中国人最聪明。我们的老祖宗早就发现了这个现象。《史记·孟子荀卿列传》中记载："以为儒者所谓中国者，于天下乃八十一分居其一分耳……中国外如赤县神州者九，乃所谓九州也。于是有稗海环之。人民禽兽莫能相通者，如一区中者，乃为一州。如此者九，乃有大瀛海环其外，天地之际焉。"

这段话写得非常清楚。世界上所有的陆地外面都围绕着海洋，海洋比陆地大得多。

这么多的海水，如果放在月球上，月球立刻就会变成一个"水球"。

地球上的水不仅在海里，陆地上也不少。水和陆不是截然分开的，所有的陆地似乎都浸泡在水里。

一条条大河小河，一汪汪湖泊沼泽，一眼眼宁静的清泉，一道道喧嚣的瀑布，加上南北极和高山上银亮的冰川、积雪，以及空中的云雾、深藏脚底的神秘地下水，到处都蕴藏着水，这岂不就是一个活生生的水世界吗？

水星怎么能和咱们的地球相比呢？

咱们的地球，才是当之无愧的"水星"。有了得天独厚的水环境才能孕育出生命，所以地球才能成为宇宙中难得有生命的星球。

说到这里，也许有人会问：地球上的水到底是怎么来的？难道地球天生就是一颗"水星"吗？

不是的。其实地球在刚诞生的时候，也和其他行星兄弟一样，几乎没有一滴水。地球上的河流、海洋等，是后来逐渐生成的。看一看月球，就明白地球最初是什么样子的了。

天文学家说，地球上的水是从宇宙太空来的。

咦，这是怎么回事？难道在天地之间还有一场场特殊的"宇宙雨"吗？这是观音菩萨用杨柳枝抛洒的神水，还是天上银河泛滥流泻到地球上的"天水"呢？

都不是。天文学家又说，这是彗星带来的。

古时候，迷信的人们常常把掠过夜空、拖着一根亮闪闪长尾巴的彗星叫作不吉利的"扫帚星"。其实，它是地球的"大恩人"。

彗星接近太阳时，由彗核、彗发和彗尾组成。彗核由比较密集的固体块和质点组成，其周围的云雾状光辉称"彗发"，彗核和彗发总称"彗头"。

彗星进入地球大气圈后，由于摩擦生热，会转化为水蒸气。它们一脑袋撞到地面，就像洒水车一样，把许多水洒落在大地上。

有人根据人造卫星发回的照片统计，大约每分钟有20颗平均直径为10米的小彗星进入地球大气圈，带来1000立方米的水。就这样日复一日累积起来，数量非常可观，从而成为地球表面水

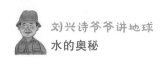

的主要来源。这就是"宇宙牌"的"天水"。

地质学家说，还有的水是由火山喷发而来的，是"地球牌"的"地水"。

火山也能产生水吗？

这有什么不可以的？人们只知道水火不相容，以及什么"水克火"等老掉牙的理论，却不知水火相克也相生。火山喷发的时候，不仅喷出滚烫的岩浆、熊熊燃烧的火焰，也喷出许多水蒸气。在那非常遥远、地球刚刚诞生的洪荒时代，整个地球好像是刚出炉的火炭团，到处有火山喷发。伴随着猛烈的火山活动，有许多水蒸气从地球里面冲出来，在空中遇到冷空气便凝结成云雨了。尽管一次火山活动产生的水蒸气不多，可是在漫长的岁月里就相当可观了。它们稀里哗啦落到地面上，逐渐积成水潭、河流、湖泊，最终汇合在一起，就成了辽阔无边的大海。

地质学家说，石头里也含水。岩石矿物里原本就含有结晶水，并会沿着一些岩矿和岩层断裂的缝隙涓涓滴滴地分化出来，再加上岩层里的地下水，那就更加丰富了。

原来咱们的地球还有这样的"水的故事"，不是真正的"水星"，还会是什么呢？

这就完了吗？还没有啊。

太远的宇宙繁星不说，我们就拿太阳系里别的行星和卫星与地球相比。没准儿会有人好奇地问，是不是冥冥中真有救苦救难的观音菩萨偏心眼儿只照顾咱们的地球，才生成了这么多的水，却不管别的星球死活，一滴水也不分给它们？

不，这话可不对。

天文学家说，其实有的星球从前也有水，失去珍贵的地表水是后来的事情。

他们又说，从一张张太空探测器发回来的照片分析，咱们近邻的火星上就有干涸后的河流、湖泊的痕迹。火星曾经也是一颗难得的"水星"，只是后来才蒸发变干的。人类的太阳系探险才刚刚起步，如果再接着探测下去，很可能还会发现更多昔日的"水星"——它们一个个都在强烈蒸发下，失去了最珍贵的水分。只剩下幸运的地球还保存着看似多得难以估量的海水、河水、湖水，以及其他角落里的各种各样的水。可是从浩瀚无边的宇宙尺度来审察，这么一点点水不算什么。这只不过像是雨后地面的一些小水坑积蓄的一点"水皮皮"而已，保不住也会很快干涸的。

宇宙间的蒸发多么强烈啊！地球上的水，全靠大气层这件外衣保护着才没有一下子蒸发掉，从而滋养了包括人类在内的生命。

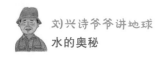

要知道，稀薄的大气层非常脆弱，可得好好保护它，千万别干愚蠢的事情。如果破坏了大气层，水分统统蒸发，到了"海枯石烂"的那天，地球就会变成光秃秃的石蛋。地球失去了"水星"的荣誉，那世间万物和人类自己也就毁灭了。

这可不是闹着玩的。我们每一个人都要百倍警惕啊！

作业本

关于"水星"的问题

为什么说地球是太阳系唯一的"水星"？

我们应该怎么爱护这个"水星"？

二、天地水循环

地球上的水在哪儿？

在汪洋大海里吗？在河里、湖里、沼泽里和星罗棋布的池塘、水田里。不仅大海里，陆地上有许许多多看得见、摸得着的水，高高的天空、幽暗的地底也有水的身影呢。

雪白的浮云，不是水吗？

弥漫在山腰和林间的雾，不是水吗？

草叶上亮晶晶的露珠，不是水吗？

哗啦啦的瀑布，叮叮咚咚的山泉，摇着辘轳把提起来的井水，以及高山上的积雪，南北极地区大片大片银光闪亮的冰盖，难道不是水吗？

你应该知道，坚硬的岩石里，深厚的土壤中，多多少少也含有一些水分啊！

水啊水，在咱们这个古老的星球上，几乎到处都有水。这说的是自然界里的水。其实包括人类在内，所有的动植物身体里面，也含有许多水分。水，本来就是生命体构成的重要元素。

各种各样的水，有的是液体，有的是固体，有的是气体，以

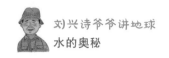

不同的物质形态存在着，却又不是固定不变的，各种形态之间能够相互变化。你可以变成我，我也可以变成你。

你不明白吗？去问古人吧。其实古人早就讲得清清楚楚了。

听白居易的解释吧。

他说："天平山上白云泉，云自无心水自闲。何必奔冲山下去，更添波浪向人间。"

在他的诗里，天上的云、地上的水，远远相隔在天地间，似乎没有一丁点儿关系。可是眼前一股泉水却奔腾而下，一直流进了山下人间的江河。想一想，这岂不就是地下水和地表水的转变吗？这几句诗中有静有动，把水的不同形态的存在和相互转化说得清清楚楚。

请李白回答吧。

他高高举着酒杯，豪情万丈地吟唱道："君不见，黄河之水天上来，奔流到海不复回。"

王之涣也说："白日依山尽，黄河入海流。"

这岂不都是江河流进大海的真实描述吗？

张旭说："纵使晴明无雨色，入云深处亦沾衣。"这两句诗说的就是云、雾、雨都含有许多水。

飘浮在低空的雾，当然也包含着水。

秦观描述说："雾失楼台，月迷津渡。"好一幅雾中的水墨风景画，自古以来不知迷醉了多少人。

中国的诗句最讲究推敲。想一想，诗句中的"失"和"迷"两个字。眼前的景物是怎么迷失的？就是因为悬浮在空中的雾啊！有雾才会使风景变得迷迷蒙蒙的。

云雾是天空中的水，它和地上的水可以相互转化。云雾变成雨

黄山云雾

水，淅淅沥沥地落下来。就像王维说的"空山新雨后，天气晚来秋。明月松间照，清泉石上流"。这样一场雨就能变成地上的水流了。

地表水也可以转变为云雾。

你看，孟浩然笔下描写的洞庭湖，"气蒸云梦泽，波撼岳阳城"。注意其中一个"蒸"字，说的就是湖水蒸发啊！

李白写下著名的《望庐山瀑布》："日照香炉生紫烟，遥看瀑布挂前川。飞流直下三千尺，疑是银河落九天。"诗句中不仅有银河一样的瀑布飞流，更值得注意的还有太阳照射着的山峰，即"生紫烟"的景象。那袅袅上升的雾气，也就是水气蒸腾的真实写照。

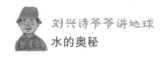
王维又说："山中一夜雨，树杪百重泉。"也都表露了这个意思。

朱熹说："山高泽气通，石窦飞灵液。默料谷中云，多应从此出。"不仅说明了泉水的来历，还解释了山谷中的云气和地下水相互演变的关系。好一个"泽气"之"通"，一个字就使人一通百通了。

隋朝王通说："所谓流之斯为川焉，塞之斯为渊焉。升则云，施则雨，潜则润，何往不利也。"

古人已经清清楚楚告诉了我们这个非常重要的事实。我们的老祖宗，早就认识了这种现象，懂得天地间水分转换的道理。

可以这么说，地球上的水有由地下水变成地表水，又渗漏下去成为地下水的水分小循环；也有河流流进大海，蒸发上升成为云雾，再落下来变成各种各样地表水的水分大循环。

咱们这个"水星"上的水不仅多，而且还能相互转化，真是奥妙无穷啊！

空中的云雨，地下的井泉，江河湖海，银色冰川，上上下下一线牵，好一个奇妙的水循环，演绎着水的神话，叫人不由得深深赞叹。

作业本

水分的循环

地球上的水分小循环、大循环都是怎么一回事？

大海啊，无边无垠的大海，多么辽阔！多么神秘！

我想了解，我想知道。

大海啊，富足的大海，多么丰富！多么精彩！有多少石油、多少盐，多少奇异的海兽，多少千奇百怪的鱼！

我想获取，我想得到。

我想做大海的主人，唤醒千万年沉睡的海洋。

第一章
海和洋的辈分

辽阔无垠的海洋，向来都是人们歌颂的对象。

曹操在碣石山上，迎着秋风观看大海，动情地吟咏道：

"东临碣石，以观沧海。水何澹澹，山岛竦峙……"

普希金写道：

"再见吧！自由的元素。最后一次了，在我眼前你的蓝色的浪头翻滚起伏，你的骄傲的美闪烁壮观……"

在人们的心目中，大海始终是辽阔的代名词。简简单单一个"大"字，就表明了人们对它无限敬畏的心情。

啊，大海！

啊，海洋！

请问，"海"和"洋"是不是一回事？

有人回答，当然是一回事啊！大海茫茫，大洋也茫茫。不管在海边，还是在大海中央，不管太平洋、大西洋，还是渤海、黄海、加勒比海、地中海，放眼一看，全都是一派浩渺，感觉完全一个样。

是啊！在一般人的观念里，"海"和"洋"就是一回事。

"不。"海洋学家摇头说，"'海'是'海'，'洋'是'洋'，怎么能够混淆呢？"渤海、黄海、加勒比海、地中海，不能叫渤洋、黄洋、加勒比洋、地中洋、太平洋、大西洋、印度洋、北冰洋，也不能叫太平海、大西海、印度海、北冰海。

这是为什么呢？辈分管着呢！

一家里的爷爷、儿子、孙子，神态几乎一个样。几人一起出门，别人忍不住会说："呵呵，大爷，您的孙子长得真像您啊！"这话说的是遗传因素，有一定的道理，但也不能乱了套。

"海"和"洋"虽然看起来差不多，却有"辈分"的差别。"洋"比"海"大得多，二者压根儿就不是一回事。好像人们嘴里的"大爷、大伯、大哥、大兄弟……"这些称呼一样，绝对不能乱了套。

话说到这里，没准儿有人会好奇地问："'洋'是爷爷，'海'是儿子。在'海'的辈分下面，还有孙子吗？"

有啊！在一些海边，还有更小的海湾、海峡什么的，就是海的儿子、大洋爷爷的孙子了。

这样说，接着又会冒出另一个问题："洋"和"海"的等级怎么划分呢？难道也是大洋生下一个海，一个海又生下一个个海湾和海峡宝宝吗？

当然不是的。"洋"和"海"的差别，怎么能用遗传学解释呢？

海洋学家说："这不仅要看它们之间的主次关系，还要看它们和大陆的接合关系。"

要知道，地球上的海陆分布，最主要是大陆和大海。所以海陆之间的第一级水域是大洋。大洋总是包围着大陆。海却大多依附在大陆边缘，或者夹在大洋和大陆中间，自然就低一个等级了。

大洋进一步划分，可以划出次一级的"海"。如果把"海"

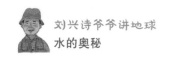

再进一步划分，可划分出海湾、海峡等其他部分。

或许有人会问，地中海在欧、亚、非三大洲之间，红海在亚洲和非洲中间，这也是大陆和海洋的直接组合，它们为什么不叫"洋"，而叫"海"呢？

海洋学家说："这是因为它们的面积太小了，还够不上'洋'的标准，就只能委屈一下，叫作'海'了。"

是啊！"洋"总得要气派一点嘛。就像城市里一些十几层、几十层的楼房可以叫大厦，总不能把两三层高的房子也叫大厦吧？如果什么房子都可以叫作大厦，岂不是会让人感觉有些奇怪？

凡事都不能太绝对了，总还是会有些例外的。

珠江口外就有一个著名的零丁洋。南宋末年，文天祥被元军俘虏，押送过零丁洋时，写下了一首流传千古的诗篇：

辛苦遭逢起一经，干戈寥落四周星。
山河破碎风飘絮，身世浮沉雨打萍。
惶恐滩头说惶恐，零丁洋里叹零丁。
人生自古谁无死？留取丹心照汗青。

翻开地图看，夹藏在舟山群岛间的众多岛屿中，以及在弯弯曲曲的浙江沿海，还有大戢洋、嵊山洋、黄泽洋、岱衢洋、黄大洋、灰鳖洋、磨盘洋、大目洋、猫头洋、洞头洋等许多小小的"洋"。

这是怎么回事呢？它们难道也可以和太平洋、大西洋、印度洋、北冰洋这样的"洋老大"并列吗？

不，这是一些地方性的小地名，面积都非常小，不是严格的科学名词。当地人高兴取什么名字就取什么名字，谁也管不着。

夕阳下的零丁洋

就像北京城里还有几个小小的湖泊，叫作北海、中南海、什刹海、后海……这样的"洋"和"海"，不在海洋等级划分的科学系统里。

请你牢牢记住，世界上只有正儿八经的四大洋，其他小小的"洋"，统统排不上号。

"海"的种类很多。位于陆地中间，四面都被陆地紧紧包围的是地中海。像渤海那样并没有完全被陆地包围住，还有一个缺口通向广阔的外部海洋的，称为内海；像黄海、东海、南海那样，依附在大陆边缘的，叫作边缘海；像太平洋心的珊瑚海那样，位于许多岛屿中间，由一串串岛链与大洋隔开，是特殊的岛间海，又叫海中海。

噢，想不到"海"的种类这么复杂。"海"和"洋"的关系，真是你中有我，我中有你呢。

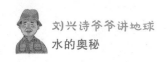

三大洋、四大洋、七大洋

古代中国人早就认准天下有四海。有人说是四大洋。

南宋时期，人们把西太平洋和印度洋划分为东洋和西洋，南方的一大片海区叫南洋，叫作世界三大洋。所以后来就把从欧洲来的叫西洋人，日本来的叫东洋人。

之后又把北方海洋叫北洋，这就凑够了四大洋。可见古代中国人说的四大洋和今天的四大洋完全不是一回事。

太平洋、大西洋、印度洋和北冰洋，是今天大家公认的世界四大洋。

从前欧洲还有别的划分办法。比如把北大西洋叫北大洋，南大西洋叫南大洋，太平洋叫西大洋。还有人把太平洋和大西洋各分为南北两个洋，加上南极大陆周围的"南大洋"和印度洋、北冰洋，合称为世界七大洋。其中，"南大洋"没有明确的边界，不被大家承认。南、北太平洋和大西洋，还时常出现在人们的口中和书上。"北大西洋公约组织"就是一个例子。

小知识

太平洋的来历

1520 年 11 月 28 日，葡萄牙航海家麦哲伦在南美洲南端历经风险驶出一条惊涛骇浪的海峡，进入一片风平浪静的大海，安全航行数月，遂给这片海命名为"太平洋"。其实太平洋里风浪很多，常常比别的大洋更加凶险，"太平洋"这个名字完全不符合它的真实情况。

四海

人们常说，四海之内皆兄弟。

请问，这四个海到底是哪四个海？

古时候，"四海"的意思就是中国四周的海疆。《尚书·禹贡》讲："四海会同。"本为泛指之词，九州之外即为四海。

在另一本古书《礼记·祭义》中，"四海"就是指东海、西海、南海、北海。其中，东海、南海很清楚。前者就是今天的黄海和东海，后者就是广阔的南海。北海和西海就复杂了，没有固定的说法。

春秋战国时期，渤海也叫北海。《孟子·梁惠王上》里有一个名句，"挟太山以超北海"。这儿说的北海，就是山东半岛北边的渤海。汉末有北海相孔融，人称"孔北海"，这里的北海指的也是山东一带。

另一个北海是指今贝加尔湖，就是苏武牧羊的地方。《汉书·苏武传》说，"乃徙武北海上无人处"。后来由于清朝统治者的无能，被誉为"西伯利亚明眸"的贝加尔湖被划归沙俄。

古时候，还有一个北海，指的是今天中亚的巴尔喀什湖。《通典》引用《经行记》说："岭北流者，尽经胡境而入北海。"

古时候所说的西海就更多了。包括青海湖、居延海、博斯腾湖，甚至遥远的咸海、里海、阿拉伯海、红海、地中海，都叫作西海。

作业本

地图上的"海"

懂得了一点地理知识还不够，请自己动手试一试吧！

翻开世界地图认真找一找，哪些是边缘海，哪些是内海？有没有地中海和海中海？统统记下来。

第二章

海水可以斗量

常言道，海水不可斗量。

海水真的不可斗量吗？那也不见得！

海洋学家说海水可以斗量。地理学家也说海水可以斗量。

所有懂科学的孩子都说，海水可以斗量。

只有不愿动脑筋的懒汉，才说海水不可斗量。

大海宽得没有边，深得够不着底。从前用来计算家里有多少粮食的升啊斗啊，怎么能够测量大海呢！

这只不过说着玩罢了。科学家不会笨得真的一斗斗计算大海里有多少水。

不管计算什么体积，得先弄清楚容积，测量海洋也一样。

第一步，算出海洋的面积。

第二步，测量出海洋的深度。

有了面积和深度，就能轻轻松松算出体积了。

好的，我们就来动手测量吧！

从前只要有一张精确的地图，使用简单的几何学方法，就能

印尼任抹海岸

算出海洋的面积。现在有了精密的仪器，那就更是
小菜一碟了。

　　海洋学家报告：包括各个大洋的边缘海在内，世界大洋的总
面积为 3.62 亿平方千米。

　　有人说：大海是无底深渊。

　　这话不对，世界上哪有没有底的东西。花果山来的孙猴子扎
一个猛子，也能钻进海底龙宫。堂堂万物之灵的人类，难道还没
有测量海深的办法？

　　测量浅水的深度好办。日本偷袭珍珠港之前，为了查明港口
的水深，就派间谍伪装成渔夫，拿着钓竿假装钓鱼。没有钓钩的
钓鱼线下面挂着沉重的铅块，铅块下沉到海底就能一一测量出港
内各处的水深了。

测量大海当然不能用这种办法。

从前，有一艘外国科学考察船，开到台湾东海岸的清水断崖，打算抛锚停泊，想不到把锚链放完了也没有够着底。船长吃了一惊，原来这里的水深几乎不见底。他走过五洲四海，还没有见识过这么深的悬崖海岸水域。

用绳子、锚链的老办法行不通，那怎么测量大海有多深呢？难道真要请齐天大圣孙悟空出马，再下一次龙官去测量吗？

放心吧，有办法。

起初，人们使用一种类似绳子的测深仪。现在人们完全抛弃了绳子，可以利用回声来测量了。

知道回声吗？人站在空旷的山谷中，朝着四周大声一喊，声波就可以在周围的崖壁间来回传播，生成特殊的回声进入耳朵了。

现代的回声测深仪也是一样的。测量船发出的声波传播到海底后再反射回来，根据声波传播的往返时间，就能计算出海的深度了。

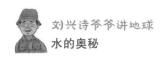

大海很深很深，却并不是没有底。今天，海洋科学家们已经画出全世界的海底地形图，测量出了各大洋的平均深度和最大深度，并在海底地形图上绘出了和地形等高线一样的密密麻麻的等深线，从这张图上看，海底地形和各处的深度一目了然。

世界上最深的马里亚纳海沟有 11034 米，就是说假如在海底放下珠穆朗玛峰，再加一座华山或泰山什么的，山顶也冒不出海面。真深啊！

这么深的海沟也能测量，就没有什么地方不能测量了。

这么宽阔的海洋，这么深的海底，到底装了多少海水呢？

海洋学家说，海水占了地球水总量的 97.2%。

原来海水真的可以斗量啊！

世界四大洋的基本数据

大洋名称	面积（单位: 万平方千米）	平均深度（单位: 米）	最大深度（单位: 米）
太平洋	17968	4028	11034
大西洋	9336.3	3627	9219
印度洋	7492	3897	7729
北冰洋	1310	1205	5527

第三章
五颜六色的大海

大海是什么颜色？

谁不知道大海是蓝色的？幼儿园的小朋友描绘心目中的大海，也涂抹成蓝蓝的。

有一本古书叫《海内十洲记》，描述一座仙岛旁边的海水，"水皆苍色，仙人谓之沧海也"。这个"苍色"，就是碧蓝的颜色。蓝色是大海固有的颜色。

文学作品都把大海描绘为蓝色。不管是蔚蓝、碧蓝、深蓝，还是闪烁着亮光的宝蓝，统统都是蓝。

海水真是一片碧蓝吗？

那可不一定。

请你去问海边的渔夫吧。

渔夫说："海水蓝不蓝，得看离岸有多远，附近有没有大河出口。"

这话什么意思？难道海水是魔术师的道具，颜色可以随意变化吗？

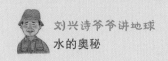

不，这不是魔术，事实就是这样的。

在没有泥沙的岸边，特别是在一些岩石海岸边，那里的海水不深，所以主要反射出绿色光线，海水看起来是绿莹莹的，好像是美丽的绿宝石。

如果海水里有许多绿藻，也会形成绿色的海水。

住在海边的人说，距离也会造成海水颜色的不同。随着海水由浅到深的变化，海水颜色也会跟着变化。

有的海，海边水的颜色是绿色的，往里水的颜色慢慢就变成了淡青色，再往里海水越来越深，其颜色就逐渐转变成蓝色或深蓝色。这种颜色变化的现象，在没有河流注入的岩石海岸边表现得最为明显。

一些大河入海时，常常带来大量泥沙，这样就会把海水染黄。这在黄河和长江的入海口表现得很明显。黄海的名字就是这样来的。

根据海水的颜色和离岸的远近判断深度，是海上生活的基本常识。

请你去问潜水员吧。

潜水员说："从海面慢慢往下潜，光线越来越暗。刚下水的时候抬头往上看，还能瞧见透过水波映现的'绿太阳'或'蓝太阳'。后来光线越来越弱，好像进入了永远沉睡的'夜女神'的王国。到了最深的海底就变成漆黑一团，伸手不见五指了。"

潜水员说得不错。绿色光线在水深100米的地方逐渐减少，海水就会变成深蓝色。蓝色光线在水深500米处也会被吸收掉。到了水深1700米以下，什么光线也没有了，那里变成了黑沉沉的一片。

请你去问到过五洲四海的老水手吧。

蓝色海水中的彩色——软珊瑚

　　信不信由你，在他们的描述中还有五颜六色的大海呢。

　　除了蓝海和黄海，有名的红海是红色的。原来这里有许多红色的海藻漂浮在海面上，使海水发红；再加上两岸的沙漠吹送来许多红黄色的尘沙，还有热带烈日照耀，这片海域更显得红殷殷的，所以就叫作红海了。

　　美国西海岸的加利福尼亚湾的海水是褐红色的，有时候甚至变成血红色。航行到这里的水手叫它"朱海"，这完全是红色海藻的影响。

　　乌克兰和土耳其中间的黑海，海水一派暗沉沉的。远远看去似乎有些发黑，所以由此得名。这和海底堆积了许多污泥有关；

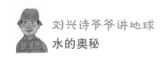

再加上这里的天空经常阴沉沉的，便会使人感到海水也有些发黑似的。

除了这些颜色的海水，还有别的颜色吗？

当然有。北冰洋上一片白茫茫，说它是"白海"也不错。

海水为什么是蓝的

"海水真的是蓝色的吗？如果真是这样，不知要用多少蓝色颜料啊！"好奇的孩子说着，捧起海水仔细看。可手心里的海水好像玻璃似的，完全无色透明，没有一丁点儿颜色。

这是怎么一回事？

原来这是光的"魔术"。太阳光是红、橙、黄、绿、青、蓝、紫七种色光组成的。海水对不同颜色的光线吸收力不一样。对浅色的红、橙、黄光线吸收能力最强，对深色的绿、青、蓝、紫光线吸收能力比较弱。

太阳光射进海水的时候，红色部分仅仅到达30多米的深度就被海水吸收了，剩下来最多的是深色。所以海水反射回来的就只剩下这些深色了，看起来就是一派蓝幽幽的水波。

福雷尔水色标

福雷尔是谁？水色标是怎么一回事？是不是把大侦探福尔摩斯的名字写错了，变成什么陌生的福雷尔？

不，没有弄错。这是一种鉴定海水颜色的工具。

一个有透明度的圆盘，加上装在 21 个玻璃管里不同颜色的溶液，就可以准确描述海水颜色。只需要在这个有透明度圆盘的背景下，仔细和玻璃管里不同颜色的溶液比较一下，就可以描述出海水的颜色了。

下面是世界上海洋研究部门使用的描述颜色色号的水色标。

颜色	色号	颜色	色号
蓝色	00	微黄－绿色	60
浅蓝色	10	黄－绿色	70
微绿－浅蓝色	20	绿－黄色	80
微蓝－绿色	30	微绿－黄色	90
绿色	40	黄色	99
浅绿色	50		

第四章
咸海水

海水可真不是味儿。

说它不是味儿，不是没有味道，而是真难喝的意思。海水不仅很咸，有时还带着一些苦味儿，简直无法下咽。

哈哈！谁让你去喝海水啊！口渴得要命的牛儿、马儿也不会去喝海水。傻乎乎地喝海水，岂不是自己跟自己过不去吗？

请你不要笑话别人。人们第一次看见大海时，没准儿都会傻乎乎地喝上一口海水，来亲自感受一下。我这个写书的老头儿也一样，小时候跟着爸爸妈妈第一次到海边时，就干过这样的傻事儿。

是啊！凡事都要亲身体会一下。只有喝过海水的人才知道它不能喝。难怪人们出海必须带淡水，这比什么都重要。

水啊水，多么珍贵的救命淡水啊！迷航的水手，困在荒岛上的人们，口渴得要命，面对着汪洋大海，却一口也不能喝。

话说到这里，人们忍不住会问：海水为什么这么咸？大海一直都是咸的吗？

"不。"地质学家摇头说。其实最早的海洋并不是这样的。

那时候，地球诞生不久，刚刚有一个坚硬的外壳。

那时候，还没有人类。连恐龙、三叶虫等任何生命都没有。谁也不知道当时的海水是什么味。

大多数人猜想，海水最早是淡水。海水里面的盐分是后来河水带来的。

也有人说，海水一开始就有一些咸味儿，只不过不像现在这样咸得无法下咽罢了。

这么说也有一定的道理。当时海底火山爆发，喷出许多矿物质，再加上最初从岩石里分离出来的水分里也含有一些盐分，所以一开始海水就有一丁点儿咸味儿也是有可能的。

这都是人们的推断。最初海水到底是什么味儿，谁也说不清。不过有一点可以肯定：这是地球形成后，雨水和河水不停冲刷地面，然后通过一条条河流把土壤和岩石里的盐分冲进大海，经过漫长的地质时代日积月累逐渐变咸的。

有人会问："河流到底带来了多少盐分？整个世界大洋到底有多少盐分？"

急性子的人一听，没准儿就会兴冲冲地叫嚷："啊！这还不简单？只需要用地球的年龄乘以每年河流冲进大海的盐分，就是世界大洋盐分的总量了。"

别急，别把事情想得这么简单。要明白在不同年份、不同地方，海水盐度的增长和分布并不是一样的。

首先应该弄明白：在地球历史里不是一开始就有大海的，所以不能用地球年龄和这个数值相乘，得出自己想象的结论。

再一点，地球诞生后的几十亿年里，环境变化非常复杂，不

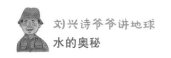

同时期从陆地带来的盐分不会一样多。

此外，由于不同海区的水文条件、气候条件和其他许多条件不一样，所以世界大洋里面的盐分不是均匀分布的；即使在同一个海域里，不同时间也有变化。

让我们来看看，世界大洋不同海域的海水盐分含量吧！

在开阔的大洋里，海水盐度一般为 33‰ ~ 38‰，平均为 35‰。

红海的海水盐度为 41‰ 左右，个别地方的海底盐度达到 270‰ 以上。

波斯湾的海水盐度为 37‰ ~ 40‰。

大西洋平均盐度为 34‰ ~ 37.3‰，马尾藻海的盐度最高。

黑海盐度为 17‰ ~ 22‰。

波罗的海盐度在 2‰ ~ 15‰。

为什么这些地方的海水盐度差别这么大呢？这和不同地方的具体情况有关。

红海和波斯湾几乎是封闭的，和外界交流不容易，再加上气候炎热、蒸发强烈，两边的沙漠广阔，四周又没有河流入海，这里海水盐度高，一点也不稀奇。

马尾藻海在北大西洋中心，蒸发也很强烈，再加上在大洋中央，远离周围的陆地，压根儿就没有河流带来淡水补给，这里的海水盐度比较高，也容易理解。

黑海和波罗的海周围有许多大大小小的河流，河水冲淡了海水，盐度当然就很低；这里气候寒冷，蒸发量很小，也是造成盐度低的一个原因。

如果这样说，那么北冰洋上到处都是冰块，到夏天一些地方的浮冰融化，再加上有许多大河流进来，盐度一定最低了？

不，你可想错了。这儿表层浮冰的融化水盐度几乎等于零，可是下面却是真正的海水，也很咸很咸呢。

那么赤道地区蒸发很强烈，这儿的海水特别咸吗？

那也不见得。

这儿的暴雨特别多，一场场猛烈的暴雨从天而降，好像是特殊的"空中瀑布"。这些半空中来的淡水冲淡了海水，所以这里的海水盐度反而不是太高。南北回归线那里主要是上升气流，降雨少、蒸发强，沿岸沙漠多，很少

中国青海盐湖

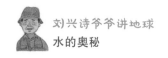
有河流流进来，那才是盐度最高的地方。

咸咸的海水，到底是好还是不好呢？

海水可以晒盐，是世界上最大的食盐供给来源。没有海盐，我们吃的盐就会减少一大半呢！

海水还可以提炼出许多有用的化学原料，是化工厂取之不尽的原料仓库。

从海水里面还可以提炼一些化学成分，用于制药。

再说了，不同盐度的海水里生存着不同的海洋生物，从而使海洋生物资源更加丰富多彩。

是啊，又苦又咸的海水也有许多用处呢！千万别否定它的价值。

盐度

海水盐度是什么意思？

说得简单些，就是海水里溶解盐分的平均浓度。以世界大洋的平均盐度35‰来说，意思就是说平均每千克海水里含有35克的盐。

第五章
"爆炸"的深水鱼

请问：鱼会爆炸吗？

鱼不是炸弹，怎么会爆炸呢？

常言道，"如鱼得水"。鱼离不开水，这是基本的常识。

让我们再问一句："不管什么鱼，不管在什么水里都能够生存吗？"那才不见得。

淡水鱼一般不能生活在海里，大海里的鱼一般也不能在淡水中长期生存。

如果再进一步问："大海那么大、那么深，是不是所有的海鱼都可以自由自在地生活在大海里的任何角落呢？"

不！只有神话和童话书里才有这样的

福建霞浦风光

故事——说什么大海里也有小金鱼，海底也有人类居住，孙悟空拜访过东海龙王的海底龙宫。

有海上生活经验的人是绝对不会相信的。

渔民知道在不同的深度，可以捞起不同的鱼儿和其他海洋生物。

就拿最常见的黄花鱼来说吧，打捞出来后，眼睛几乎都鼓得很大很大，好像快要蹦出来似的。有的更古怪，竟然把肚皮里面的五脏六腑也吐了出来。

这是它们离开所居住的海水层，来到地面后的一种正常反应。

咦，这是怎么回事？孩子们你看我我看你，谁也不知道其中的原因。

为了帮助大家弄明白这个现象，让我们来做一个实验吧！

请用绳子把两个空瓶子拴紧，一个瓶子盖紧，另一个不盖瓶盖，从船边慢慢放到水里，放得深一点，过一会儿提起来看。

奇怪的事情发生了。只见盖紧瓶盖的瓶子已经破了，另一个没有瓶盖的却好好的，一点儿也没有损伤。

有人会想，问题一定出在瓶盖上。

说对了，就是这么一回事。

原来这是海水压力造成的。因为内外的压力不一样，在强大的外部压力作用下，盖紧瓶盖的瓶子就被压破了。没有瓶盖的瓶子，里外的海水压力一样，当然就不会破了。

原来这是一个物理学问题，水越深，压力越大。

要知道，海水压力比空气压力大得多。海水每深 10 米，压力几乎就要增加 1 个大气压，请仔细算一下，在深深的海底压力有多大？

最深的马里亚纳海沟，深度是 11034 米，那儿的海水压力几乎达到了 1100 个大气压。每平方厘米面积所承受的重量有 1.1 吨。如果没有采取保护措施的人冒冒失失下沉到那儿，必定会被压扁。孙悟空和东海龙王一定是特殊材料构成的才能上下自如，并且一点也不受损伤。

出水的黄花鱼也是同样的原因。深海鱼一旦被迅速捞出海面，因为体内的压力比外面大，就会鼓出眼睛，甚至也会吐出内脏来。

明白了，海水是有压力的。生活在不同深度的鱼儿，承受的压力不一样。一旦深海鱼被捞起来，或者浅水鱼被抛进海底，压力条件发生变化，都会带来极大的损伤。

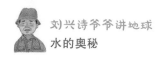

小知识

海水的压力

　　每一个大气压相当于每平方厘米的面积上大约有 1 千克的重量。

　　海洋学家报告：海水深度每增加 10 米，就增加 1 个大气压的压力。在 1000 米的深处，海水压力大约是 100 个大气压。有人计算，在这样的压力下，木块的体积也会被压缩到原来的一半。信不信由你，这时候木头也会下沉了。

　　全世界最深的马里亚纳海沟的海底压力有多大？据说，有一艘名叫"的里雅斯特号"的深潜器下潜到这条海沟，经受到 1100 个大气压的压力，这相当于两个半中型航空母舰的重量。水下压力使这艘深潜器的体壁压缩了 2 毫米，表面的油漆也脱落了一些。想一想它承受的压力有多大？如果是一个没有配备保护设备的人，必定会被压扁了。

歌利亚石斑鱼和潜水员

第六章
哗啦哗啦响的波浪

哗啦，哗啦……

一下又一下的波浪拍打着岸边的岩石，发出震耳的喧响。

哗啦，哗啦……

一下又一下的波浪在海上翻滚着，使辽阔的大海沉浸在这一声声海的韵律中。

哗啦，哗啦……

一下又一下的波浪冲击着人们的心灵。

海上的波浪好像是一排排山峰和山谷，拱起来的是波峰，凹下去的是波谷。不过海水的"峰"和"谷"不是固定不动的。

山的高度是从山脚算到山顶，波浪的高度是从波谷算到波峰。山的距离从两座山的山脚算起；波浪的距离则是从两个波峰算起，两个波峰之间的长度叫作波长。

哗啦，哗啦……

海上的波浪起伏着，波峰上有许多白浪花。

白浪花真好看，可是人们不明白这是怎么产生的。

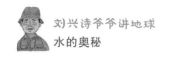
其实这就是水里的气泡啊！波浪起伏得厉害的时候，一串串气泡冒起来，就成了白浪花。

哗啦，哗啦……

在辽阔的大海上，波浪汹涌奔流。

没准儿还有人问，大海里的水滴是怎么运动的？起伏不定的波浪必定把一滴滴水带到远方周游全世界。

不。海洋学家说："不管波浪多么汹涌，水质点只是在做圆圈运动。"

哗啦，哗啦……

一排排波浪冲到岸边，被礁石挡住，翻转过来，溅起许多浪花。

有人会问，这是怎么回事儿？为什么波浪会翻转过来？

这叫"拍岸浪"。波浪在岸边受到地形影响，就会翻转过来生成这种"拍岸浪"。

哗啦，哗啦……

人们发现了一个非常有趣的现象：不管海岸怎样弯曲，波浪总是笔直对着岸边涌来。

这是波浪的折射作用造成的，波浪的折射是传播速度发生改变造成的。在深海中央，波浪翻转不会碰到海底，所以不会引起波速的改变。但是，当波浪从深海传播到岸边的浅海时，波速随着深度变浅，就会渐渐变慢，开始发生折射了。由于岸边的等深线大致和海岸平行，所以就造成了波浪总是笔直对着岸边涌来的现象。

哗啦，哗啦……

人们看见伸进海心的岬角、防波堤，心里想：这会不会干扰波浪运动的方向？

会有影响的。这也是建造防波堤的意义所在。不过在这种情况下，波浪还会发生绕射，照样会把波浪传播进来，不过威力会小很多。

哗啦，哗啦……

人们的心里不禁又冒出一个问题：为什么波浪老是这样汹涌澎湃，没有平静的时候？海上的波浪到底是怎么产生的？

常言道："无风不起浪。"海上的波浪，是风卷起来的。

有风就有浪，这是谁也没法改变的事实。

五代时期著名词人冯延巳有两句词"风乍起，吹皱一池春水"就是这个意思。

澳大利亚海滩天线

南非开普敦著名的岬角——好望角

一股风吹来，连小小的池塘里也会泛起水波。在无边无际的大海上，难道不会生成波浪吗？

人们还会想起一句老话："无风也有三尺浪。"波浪，不一定和风有关系。

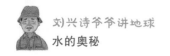

　　到底是"无风不起浪"，还是"无风也有三尺浪"？说来说去，似乎有些说不清。

　　请别随便否定后面这句话，这也是人们长期观察的总结。海上波浪生成的原因很多，不只是风引起的。海底地震、火山喷发、海边山崩、冰川断裂……包括陨石在内的各种各样的物体坠落入海，以及轮船经过，都可能激起或大或小的波浪。就是一条大河流入大海，也可以推动海水，引起一阵阵波浪。

　　这难道不是"无风三尺浪"吗？

　　仅仅远处的风浪有时也会产生波浪。这种由远处传播来的波浪叫作涌浪。涌浪和一般的波浪有些差别，它的波长比较大，最长的有好几百米。波峰圆滑，波脊线也很长。涌浪的传播速度也很快，有时可以达到每小时40千米。涌浪可以把远处无风地带的船弄得摇摇晃晃。没有坐船经验的人，还不知道是怎么回事儿呢。

　　涌浪可以预报台风。住在海边的人非常关心它。人们又总结出一句话："无风来长浪，不久狂风降。"还有一句谚语："风停浪不停，无风浪也行。"说的都是这种情况。

第七章
力大无比的"水拳头"

古人曾说，水是天下至柔的东西。

信不信由你，有时候水也是刚猛的。

柔和刚在水的身上得到了奇妙的统一。

要说这个问题，就从海上的波浪说起吧。

波浪是大海透明的拳头。

请别小看了这个拳头。如果让它参加拳击比赛，别说三拳打死"镇关西"的鲁智深和景阳冈打虎的英雄武松，任何拳击冠军都不是它的对手。

你不信吗？请看几个例子吧。

第一个例子发生在英国的苏格兰海岸。有一次，波浪把一座栈桥上的1370吨重的石头移动了15米远。5年后，在同一个地方，波浪又冲垮了新建的2600吨重的栈桥。人们计算出，当时波浪的冲击力量达到了每平方米29吨。这样强大的波浪冲击和大炮轰击有什么差别？

第二个例子发生在美国西海岸的俄勒冈州。有一次，一个巨

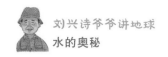

浪竟把 60 千克重的石头抛到了 28 米高的灯塔上面，砸坏了灯塔的设备，并把守灯塔的人吓了一大跳。如果灯塔上有人被砸中，准会立刻毙命。

　　第三个例子发生在荷兰的阿姆斯特丹。一个 20 吨重的混凝土块被波浪抛到 6 米多高的防波堤上。请算一下，它的投掷力量有多大？奥运会的投掷冠军根本就不能和它相比。

　　这些记录都在海岸边。如果在开阔的海面上，来往航行的船只遭遇到这样猛烈的波浪"拳头"，不被一下子击沉才怪呢。

　　波浪的破坏程度和海岸形状有密切关系。根据观察，海岸越陡峭，岸边的水越深，冲扑向海岸的波浪能量就越大。在浅滩和沙洲附近，由于海水比较浅，可以在运动过程中消耗波浪的能量，是有效的缓冲地带，波浪破坏程度比较小。

海中消波块

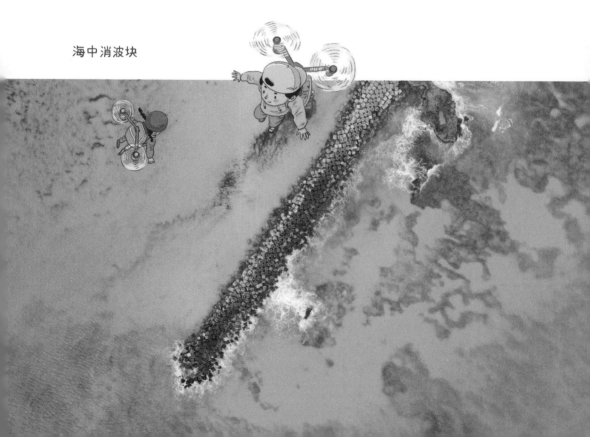

波浪的力量到底有多大？

巨大的浪头好像气锤似的，可以达到每平方米 60 ~ 80 吨的冲击力。如果再考虑爆发性的因素，威力就更可怕了。

在暴风浪出现的季节，巨大的波浪一个紧跟一个，频繁地对海岸冲击，达到每分钟 12 ~ 14 次。波浪飞快猛击着祖露的海岸，并能够冲毁沿岸的建筑，造成不可估量的损失。

人们曾经进行过测试。波浪对爱尔兰西岸的平均压力一般是每平方米 11000 千克。特大风暴期间，冲击力可以达到一般值的 3 倍之多。

为了保护海岸，人们不得不采取防止波浪冲击的种种防护措施。除了加固堤防，还要在波浪经常冲击的地段，使用混凝土和别的原料布置一些不规则的物体，来破坏波浪的行进方向，使它在猛扑海岸前的一刹那被分解开。这也是行之有效的方法。

岸边的波浪这样厉害，在开阔的海上呢？

对海上船只而言，必须特别注意波浪的高度。

海上波浪到底有多高？这和风力大小有关系。小的波浪破坏力不大，我们就说特别高、特别大的吧。由于没有完整的统计，还不能十分准确回答这个问题，不过也有一些记录。

请看两个测量记录吧。

1961 年 9 月 12 日，一艘英国气象考察船测量到 20 米高的大浪。这样的巨浪，简直达到了将近 7 层楼的高度。这个记录还不是最大的。

1933 年 2 月 7 日，美国油轮"拉梅波号"在菲律宾海上。遭遇了一场特大风暴。当时风速达到每秒 30 ~ 40 米，掀起了 34 米高的巨浪。船身被卷起来，又沉落进深深的波谷，最后好不容易才逃脱

了危险。

多大的浪才会有危险？有航海经验的人都知道，小渔船遇到 3 米高的波浪就有危险了。波高超过 6 米，就可能击沉一般的机动船。如果遇到 9 米以上的大浪，万吨巨轮有时候也扛不住。前面讲的几十米的巨浪，其危险程度就不言而喻了。

对行驶中的船只来说，波浪的角度也很重要。海上航行的时候遇到什么角度的波浪最可怕呢？

一般来说，侧面来的浪危险大，正面来的浪相对好些。

为什么这样说？因为侧面来的风浪会造成船身横向摇摆。如果船的自由摇摆周期和波浪周期相同，就会引起共振现象，发生突发性的大振幅摇摆，这样就会一下子把船掀翻。

正面来的风浪造成船身纵向摇摆，虽然比横摇好些，可是如果太厉害，也会使船尾的螺旋桨露出水面，造成机械失控而翻船。

这样的巨浪造成的灾难故事太多了，说也说不完。航海者常常遇见小山一样高的浪头，稍有不慎，就会被劈面压盖下来的巨浪打沉。

当年元朝渡海攻打日本的时候，由于选择时机不当，整支庞大的舰队被一场猛烈的风暴吹得七零八落，完全丧失了战斗力。

那么，海上的波浪到底吞没过多少船只？

从古到今，这种悲惨的事情太多了，谁也没法统计清楚。不过根据 200 多年以来的海难记录，起码也有上百万艘船只被波浪击沉。请注意，这还不包括无法计算数量的小船。

第八章
话说潮汐

潮汐，潮汐，潮水一会儿扑上来，一会儿退回去，给海滨增添了多少情趣。自古以来都是诗人吟咏的对象。

古诗《春江花月夜》中描写："春江潮水连海平，海上明月共潮生。"好一幅潮水涨落的海上图画。

潮汐活动包含了海水的升降进退，可以分为涨潮和落潮、高潮和低潮。

潮水有水平方向的升降运动，也有垂直方向的进退运动。上升、前进是涨潮，下降、后退就是落潮了。

除了升降进退，还得看水位高低。涨潮水位最高的时候是高潮，落潮水位最低的时候是低潮。高潮和低潮之间的水位差，叫作潮差。潮差最大时的海面升降是大潮，最小时是小潮。

潮汐可不是随便涨落的，总是按时涨潮和落潮，不会误了时间。

好奇的孩子会问，是不是所有的地方潮汐涨落都是一样的？一天涨一次潮、落一次潮吗？

不。不同地方潮汐涨落是不一样的。

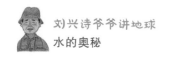

人们很早就发现了潮汐涨落的规律。

有的地方一天两次涨潮、两次落潮，这叫作半日潮。涨潮过程和落潮过程的时间，也几乎完全相等，都是 6 小时 12 分。

包括天津、青岛、厦门等重要港口在内，以及我国渤海、东海、黄海大多数地方都是这样的。

有的地方一天一次涨潮、一次落潮，这叫作全日潮。我国渤海的秦皇岛一带和南海的北部湾就是这样的。

还有的地方潮水活动不规律，有时候一天两次涨潮、两次落潮，有时候一天一次涨潮、一次落潮，这叫作混合潮。我国南海大多数地方就是这样的。海南岛的榆林港就是一个最好的例子，这里十五天出现一次全日潮，剩下的日子是不规则的半日潮，潮差也比较大。

尽管潮汐有这些种类，却有一个共同的特点：农历的初一、十五以后的两三天内，都会发生一次潮差最大的大潮，这时候潮水涨得最高，落得也最低。农历初八、二十三以后的两三天内，都有一次潮差最小的小潮，涨得不太高，落得也不太低。

说起潮汐，人们会想起钱塘潮。

钱塘潮发生在浙江的钱塘江口，是世界有名的观潮地方。

潮水一来排山倒海，真是壮观极了。唐代诗人刘禹锡描述道：

八月涛声吼地来，头高数丈触山回。

须臾却入海门去，卷起沙堆似雪堆。

仔细品味这首诗，就能体会到它的气势。

这样雄伟的钱塘潮是怎么生成的？

钱塘江涨潮

古时候传说，这与两个死不瞑目的英雄有关：一个是战国时期含冤死去的伍子胥，另一个是和刘邦争天下失败了的楚霸王项羽。每当一轮皓月当空，他们就一前一后怒气冲冲地闯进钱塘江，掀起特别大的潮水，似乎想把仇敌一口吞掉。

实际上当然不是这样的。

钱塘潮的形成，是特殊的地形条件造成的。

原来钱塘江的江口像是一个大喇叭，最外面的杭州湾差不多有 100 千米宽，到了海宁地区却只有 3 千米宽了。涨潮的时候，许多潮水一下子涌进来，就不免会发生堵塞，形成特大的潮水了。

除了特殊的地形，钱塘潮还和季节，以及钱塘江本身向外涌流的江水、水底泥沙、海上的风等有关系，情况非常复杂。在不同的情况下，潮水变化很大。

在中秋节前后，月亮正圆的时候，由于月球引力的影响，潮水特别大。恰巧这个时候海上的风也很大，钱塘江的江水也特别大，

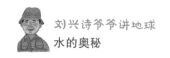
和从江口倒灌的潮水猛烈顶撞，激起了很大的潮头。许多条件加起来，潮水就异常汹涌了。

钱塘潮都是一个样吗？不。由于河道形状、江面宽窄、水底泥沙多少等原因，其潮水也有不同的类型。

在顺直的河段里，又没有沙洲阻挡，潮水就好像是一道水墙，排成一条直线笔直汹涌而来，生成最常见的"一线潮"。在海宁市盐官附近，河槽宽度向上游急剧收缩，所以潮头特别大，这里也就成为传统观潮的最佳点。

如果江心有沙洲干扰，生成两股潮流，交汇在一起，就会形成交叉潮。

如果其中一股速度比较快，两股潮流一前一后涌进来，可以形成二度潮。

一股潮流碰撞岸边退回来，会生成回头潮。

退回来的潮流，又冲了上去，叫作双峰潮。

如果退回的潮流和后面的潮流相互撞击，叫作对撞潮。

钱塘潮活动有严格的周期，好像是一个非常守信的人。唐代诗人李益写了一首诗：

> 嫁得瞿塘贾，朝朝误妾期。
>
> 早知潮有信，嫁与弄潮儿。

可是守信的钱塘江也有"失信"的时候。

请听一个真实的故事吧！

南宋德祐二年（公元 1276 年）二月，蒙古骑兵逼近南宋京城临安（今浙江杭州），瞧见到处是水田，不好放马扎营，不知道钱塘潮的厉害，干脆就驻扎在钱塘江的沙滩上。南宋官民暗暗高兴，希望潮水一来，就把敌人冲得干干净净。想不到接连三天也没有潮水，人们大吃一惊，以为敌人得到天助，大宋皇朝气数已尽，注定要完蛋了。就这样，宋兵丧失了抵抗的意志，临安一下子沦陷了。

明朝末年，清兵攻打杭州也遇到同样的情况。清兵骑马直接下水渡过了钱塘江，没有遭遇一丁点儿潮水的阻拦。

这是怎么回事？难道真的是南宋、明朝该亡，蒙古和清朝骑兵得到上天的帮助了吗？

当然不是的。原来这是因为河底淤积了大量泥沙，好像一道水下防波堤，阻挡住了潮水。南宋和明朝实在太倒霉了，竟在关键时刻遇到了这样的事情。

其实这个现象平时也有，钱塘潮"失信"的情况不止一次发生过。所以明朝的孙承宗根据自己所见的情况，似乎故意和李益作对，写了一首《江潮》：

休嫁弄潮儿，潮今亦失信。
乘我油壁车，去向钱塘问。

话虽然这样说，钱塘潮失信毕竟只是个别情况。自古以来钱塘观潮，始终是这里最吸引人的传统节目。

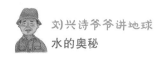

你知道吗?

潮和汐的意思

中国人是很讲究字义的。潮水就是潮水,为什么要叫作潮汐呢?

潮汐这两个字里有什么奥妙?请注意看它们的字形。"潮"是"朝"加上三点水,表示这是早潮。"汐"是"夕"加上三点水,这就是晚潮了。说得更清楚些,白天潮水涨落叫作潮,晚上潮水涨落叫作汐,包含了非常清楚的时间观念。

瞧,咱们的老祖宗早就发现潮汐有早晚时间变化的规律。"潮汐"这两个字,充分反映了古人的深刻研究,也表现出中国文字的奇妙魅力。

小知识

潮汐生成的原因

潮汐是怎么生成的?听咱们的老祖宗怎么说吧!

东汉哲学家王充在《论衡·书虚》里说:"潮之兴也,与月盛衰。"北宋科学家沈括也说:"予常考其行节,每至月正临子、午则潮生。"

每个月的农历初一、十五,也就是出现新月、满月的朔望时,太阳、月球和地球分布在一条直线上,太阳和月球的引力从不同方向"拉起"海水,所以造成了大潮。苏东坡说:"八月十八潮,壮观天下无。"每个月初七、初八和二十二、二十三,上弦月和下弦月的时候,太阳和月球的位置互成直角,引力互相抵消一部分,潮水就会小些,只能形成小潮了。

这样说来,每个月就有两次大潮、两次小潮了。

第九章

海上的"长河"

谁都知道,大大小小的河流都流动在陆地上。但海上也有"河流",你相信吗?

这是骗人的鬼话吧,海上怎么会有"河流"?

信不信由你,但这可是真的。

请听几个真实的故事吧!

1513年,一个西班牙航海家率领三艘帆船,从现在的美国卡纳维拉角出发,穿过佛罗里达海峡向南驶进加勒比海。想不到船不但没有前进,反而不可思议地直往后退。

是不是遇到了顶头风?不,这个船队正在顺风航行。怎么可能倒退呢?原来这里有一股强大的海流正对着船队流过来。虽然顺风,却是逆水,所以把帆船倒推回去了。

美国独立战争时期,邮政总局局长富兰克林发现一个怪现象:从美国开往英国的船总比从英国返航的船快些,以至于造成两边送信的时间长短不一样。他想来想去也想不通,就向一位航行经验丰富的捕鲸船长请教。船长告诉他,有一股巨大的洋流从美洲

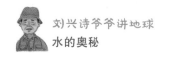
横穿过北大西洋一直流向欧洲，所以造成了两边航行时间有快有慢的现象。

富兰克林对此产生了兴趣，决定弄清楚事情的真相。因为这股洋流发源于温暖的墨西哥湾，他就请这位捕鲸船长在横渡大西洋的时候，随时测量水温，然后在海图上画出这条洋流的位置。从美国到欧洲顺流而下，从欧洲返回美国的时候尽量避开它，这样就能保证返航不会延误时间了。

这个洋流就是大名鼎鼎的墨西哥湾暖流。

富兰克林那时让捕鲸船用木桶取水测量水温的方法太原始了，而且不能准确勾绘出墨西哥湾暖流的位置。现在是使用飞机上的仪器追踪测量海面热辐射的红外线辐射变化，来精确划分它和旁边的冷海水的界线。墨西哥湾暖流宽 110 ~ 120 千米，水层厚度 700 ~ 800 米，流量每秒 8200 万立方米，这是北大西洋西部流势最强盛的暖流。

墨西哥湾暖流的作用很大，对世界自然环境影响十分深远。

正是它，把热量带到欧洲西北部海岸，使这里的气候比世界上同纬度的地方更加温暖，从而大大促进了当地的农业生产和文明发展。

正是它，在哥伦布发现新大陆 500 年前，就把热带美洲的木材送到了荒凉的挪威海岸，激发了诺曼海盗红头发埃立克的幻想。他因此扬帆西航，先后发现了冰岛和格陵兰岛。他的儿子里奥尔和后继者，还到达了今天的加拿大和美国东北部。

正是它，一直流进北冰洋，绕过新地岛，到达俄罗斯北部沿海的摩尔曼斯克，使这里成为北冰洋上有名的不冻港。

墨西哥湾暖流是怎么产生的？这和盛行风有关系。

由于地球自转的影响，这里总是盛行西风。西风推动着海水向东流，再加上地球自转偏转力的影响，就生成了偏向东北方向的墨西哥湾暖流。暖流浩浩荡荡横跨北大西洋，一直流到欧洲西北部海岸。

墨西哥湾暖流是美洲和欧洲连接的特殊纽带。人们说，它给西欧和北欧送去了温暖，推动了文明的发展，这一点也不错。

此外，海水密度的差异等许多因素，也能够生成洋流。

世界上除了这样从低纬度流向高纬度的暖流，还有从高纬度流向低纬度的寒流。

墨西哥湾暖流并不是最早被发现的洋流。古时候许多地区的水手，早就发现大海不是像洗澡盆里的水一样纹丝不动，也不是随便荡来荡去。

古人不知道地球自转偏转力，却早就发现了风的巨大作用。

印度洋航行就是一个例子。聪明的阿拉伯航海者发现了一个重要的现象：每年的 11 月到第二年的 3 月，风总是从东北方的大陆上吹来，带动着海水向西南流去，顺着这股洋流就可以直达东非海岸；4 月至 11 月则恰恰相反，西南风出现，驾船追逐着云涛和洋流驶向东北方，就能返回阿拉伯故乡了。随后他们又开辟了通往印度的航线。

依靠季风的帮助，他们十分顺利地建立起了与非洲、印度的联系。接着，印度和波斯的船只也出现在这条航线上。由于这种随季节变化的定向风帮了商船队的大忙，人们就把它称作贸易风。

咱们中国古代人也发现了这个秘密。人们利用季风带动的洋流，开展了东南亚的航线，并一步步继续发展，开辟了辉煌无比的"海上丝绸之路"。

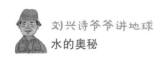

墨西哥湾暖流

从墨西哥湾流出来的这支洋流，一直到达北欧海岸。请你在地图上测量一下它有多长。不管长江、黄河、尼罗河还是密西西比河，在它的面前，都是小巫见大巫。

这是一条没有"岸边"的"河流"，有100多千米宽。想一想，世界上什么大河可以和它相比？

这条海上"河流"很深很深。从水面到"河底"有700多米。想一想，世界上什么河流有这么深？

这条海上"河流"没有泥沙淤塞的问题，水量很多很多，流得也很快。

这条从南方流过来的海上"河流"非常温暖，表层水温高达26℃左右。特别是冬季，比周围的海水高8℃，简直就是一条巨大的"热水管"，温暖了湾流所有的流经地。它把热量传送到西欧和北欧沿海，让那里形成暖和的海洋性气候。它对那里的历史、文明发展，也有很大的贡献呢。

洋流和渔场

陆地上不同的河流里，常常生活着不同的鱼儿。海上洋流也是一样的，生活在寒流和暖流里的鱼群是不一样的。在一些寒流、暖流交汇的地方，前者带来了冷海鱼类，后者带来了暖海鱼类，二者相遇的地方，常常形成特大的渔场。世界四大渔场中的北海道渔场，就是南方来的暖流与流过千岛群岛的寒流交汇形成的。纽芬兰渔场，是南方来的墨西哥湾暖流与北方来的拉布拉多寒流交汇形成的。北海渔场，是南方来的北大西洋暖流与北方来的东格陵兰寒流交汇形成的。世界四大渔场中还有秘鲁渔场。

我国的舟山渔场也是这样形成的。春夏季节台湾暖流从南方流来，带来大量喜暖的鱼群。到了秋冬季节，随着寒冷的黄海冷水团南下，又带来许多喜冷的鱼类。这里春季有小黄鱼汛，夏季有大黄鱼和乌贼汛，秋季有海蜇汛，冬季有带鱼汛。

雨后彩虹下的舟山海上渔场

第十章

"泰坦尼克号"的杀手

还记得"泰坦尼克号"的悲剧吗？

人们永远不会忘记这个海上惨案。

1912年4月，当时世界上最豪华的客轮"泰坦尼克号"满载着兴高采烈的旅客，从英国开往美国纽约，进行它横贯北大西洋的处女航。夜里轮船忽然撞上一座巨大的冰山，最后在黑沉沉的海上沉没了。1500多人就这样丧失了宝贵的生命，成为航海史上最悲惨的海难。

"泰坦尼克号"的悲剧，唤醒了人们对海上冰山的注意。从那一天起，人们开始关注这些在海上到处漂浮的冰山，并把它们列为可怕的海上杀手。人们组织了冰情巡逻队，从空中和海上时时刻刻监视海上冰山的运动情况，并及时向来往船只报告，以避免发生类似的悲剧。

这些冰山是从哪儿来的呢？是来自南北极附近的冰海。有人统计：仅仅在格陵兰岛上的上百条冰川，每年就会把10000到15000座冰山送入北大西洋。请你想一想，把北冰洋和南极大陆加在一起，再连同附近的冰封岛屿，整个南北极地区一年会生成多少座冰山？

无数座随波逐流的冰山，从地球的两极区域向远方散布开，犹如布设了数不清的"水雷"。有的远远就能望见，有的隐藏在夜色、雾气和起伏的波涛中，一个个都是恐怖的杀手。来往的船只，可要小心啊！

这些冰山都是一样的吗？

不是的。细心的人们经过仔细观察，发现它们的外表形态不一样。一般来说，来自北冰洋的冰山个儿比较小，尖顶的比较多，像是真正的"山"。"泰坦尼克号"撞上的，就是一座北方漂来的尖顶冰山。

我在北冰洋边缘的哈得孙湾考察时，天天都能见识到这样的

格陵兰岛的冰山

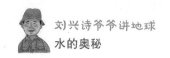

冰山,有平顶的,也有尖顶的,前者大些,后者小些,后者大多是分裂融化后的产物。时不时瞧见一些北极熊在漂浮的冰山之间游泳,或者懒洋洋地趴在冰山上,真有趣!

南极大陆来的冰山,是从巨大的冰棚上分裂开来的。个儿比较大,多半是平顶的,好像是一个个冰冻的平台。

海上冰山有大有小。让我们说几座特别大的冰山吧!

1956年,人们发现了一座333千米长、96千米宽、450米高,面积达到32000平方千米的特大冰山,只比海南岛小一丁点儿。

一座差不多和海南岛一样大的冰山,该是什么样的概念啊?想一想,这样大一座冰山迎面漂来,会是什么样的感觉呢?

1986年,又发现一座差不多同样大小的冰山,以每小时2千米的速度朝南美洲漂去。当地的人们发出了冰山警报,给它取名"拉松185"。人们对它进行密切监视,提醒往来船只注意,以避免造成可怕的灾难。

2005年,刚刚揭开新年日历,一座3千米宽、比五六层楼还高的大冰山,从南极大陆漂向新西兰,一下子成为轰动的新闻。人们对它进行了严密监视,并随时报告它的位置和移动的方向。头脑灵活的旅行社连忙抓住这个难得的商机,纷纷组织游客前往观看,大大赚了一把。

这座冰山对当地有什么样的影响呢?当它距离新西兰只有80千米,像是一个特大冰块移动过来时,新西兰当地的气温骤然下降就不说了,甚至澳大利亚悉尼的气温,也一下子下降了许多。要知道,南半球和北半球的气候相反,1月正是炎热的夏天。

北半球的冰山虽然没有这么巨大,但也有比较大的。有人在加拿大北方的巴芬岛附近发现过一座冰山,有10千米长、5千米宽,

浮冰上的北极熊

个头儿也不小呢。仪器实测的统
计资料显示，超过 100 米高的冰山，一点也不罕见。

南半球的冰山虽然很大，却没有这样高，最高的只有90米左右。
不用说，它们是随着洋流慢慢漂流到没有封冻的海上，然后越漂
越远，最后就渐渐融化消失了。

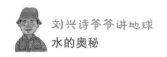

海上冰山开发计划

冰山是什么？就是漂浮在海上的固体淡水呀！

在世界普遍缺水的时代，这么多的冰山白白融化了实在可惜。人们开始动脑筋，是不是可以把海上的冰山拖回来利用？

这怎么不行呢？人们说干就干。

你知道吗？早在 1886 年，阿根廷人就曾经拖回一座冰山。四年后，缺水的秘鲁人也拖回一座冰山。19 世纪就能这样，现在更加不用说了。

西亚的沙特阿拉伯对这样做的兴趣最大。这个有名的沙漠国家，有的是石油，缺少的就是水。他们为了解决缺水问题，建立了许多海水淡化工厂。可这花钱太多了。一吨水的价格和一吨石油的价格差不多，实在是太不划算了。然后他们就把目光转向海上无主漂流的冰山。根据计算，哪怕在拖运途中，冰山会融化损失 20%，也是划算的。这样每吨水的成本还不到一美元，比淡化海水便宜得多。沙特阿拉伯下了决心，一定要实现这个科幻般的计划。有志者事竟成，一定可以成功的。

第十一章
可怕的海啸

2014 年 12 月 26 日，圣诞节刚刚结束，印度尼西亚和附近一些国家就纷纷举行了一个"印度洋大海啸 10 周年"的哀悼活动。

10 年前的这一天，印度洋发生了一场特大海啸。几米至几十米高的"水墙"忽然迎面扑来，来得像风一样快，一下子就席卷了整个印度洋沿岸，几乎摧毁了岸边的一切。

请看它的进程表吧。

不到半小时，巨浪海啸把苏门答腊岛的亚齐省海岸扫荡得干干净净，所到之处的海边城镇、村庄，没有一个能逃脱被毁灭的命运。

一小时后，巨浪冲上泰国旅游胜地普吉岛，惊慌的游客四散奔逃，行动稍稍慢一点，就被如山的巨浪吞噬了。

两个半小时后，海浪冲到印度半岛东南部和斯里兰卡海岸。

紧接着，海浪一路波及东非，几乎席卷了整个印度洋沿岸，整整影响了 12 个国家，夺去了超过 25 万人的生命。几百万人无家可归，受伤的人更是不计其数。多亏这场海啸发生在清晨，除

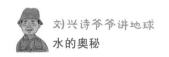

了早起到海边看日出的人和赶着出海的渔民，大多数游客还躺在舒适的床上，商贩也没有开始海滩上的活动，从而逃过了这一劫难。不然死伤和失踪的人数，还不知会增加多少倍。

这场海啸是怎么来的？

是海龙王发怒吗？

是外星人袭击吗？

不，原来是一次里氏 9.3 级强烈地震引起的。几乎整个印度洋像被一只巨手翻动的大水盆那样动荡起来。

在这场印度洋大海啸中损失最严重的是印度尼西亚。其实这和当地的地震有关系，而遥远的东南亚、南亚、东非一些地方也跟着遭受伤害。

人们不禁会问，这一个地方发生海底地震，怎么会影响整个印度洋呢？岂不是城门失火，殃及池鱼吗？

其实没有什么好奇怪的。一个大洋，也可以简单理解为一个大盆子。请你试一试，在一盆水里轻轻碰一下，那里立刻就会生成一圈圈水波，然后传递到水盆的四周。

地震引起海啸的例子太多了，让我们再看两个著名的海啸事件吧！

1960 年 5 月 21 日，智利当地时间下午 3 时，沿海发生了一场 9.5 级的大地震，大地震立刻引发了海啸。当地被地震和海啸双重影响，损失空前严重。令人想不到的是海啸余波竟以每小时 600 ～ 700 千米的速度向西横扫整个太平洋，袭击了夏威夷群岛，还一直传播到 17000 千米外的日本列岛和东北亚的堪察加半岛，几乎影响了整个太平洋。

1896 年 6 月 15 日傍晚，日本三陆地区的居民和参加甲午战争后返乡的一些士兵正在海边庆祝节日，突然感觉到脚底有一些轻微的晃动，似乎发生了轻微的地震。因为日本是有名的"地震之国"，人们对地震已习以为常，并没有放在心上，照样跳呀唱呀。

　　大约过了 35 分钟，在 20 时 2 分左右，海上忽然传来一阵暴风雨般的呼啸声，人们看见了一排排比房屋还高的巨浪，最高的浪头达到近 40 米。这些浪头好像快拳手挥出的拳头似的，一个接一个扑上海岸，形成了一场凶猛的海啸。几分钟后，第二波到达，把海滩扫荡得一片狼藉，并一直横冲直撞到北海道。最后统计损失，总共摧毁房屋 14000 间，卷走船只 30000 条，死亡人数多达 27000 人。刚才还在狂欢的当地居民和士兵，几乎没有一个逃脱，这成为日本有史以来损失最惨重的一次海啸。

　　这一场海底地震，使日本人有了清醒的认识。痛定思痛后，日本人意识到在地震的时候，必须留一只眼睛看着海上，并提出了由"注意海啸"这四个字组成的格言式的警告。前事不忘，后事之师。从此日本人就时刻不忘海啸，把它列为最需要关注的自然灾害之一。

我国古代的海啸

中国是最早记载海啸的国家之一。《汉书·天文志》中记载，西汉元帝初元二年（公元前 47 年）秋七月，渤海湾发生了一次海啸。皇帝感到不安，问道："一年中地再动。北海水溢，流杀人民。阴阳不和，其咎安在？公卿将何以忧之？其悉意陈朕过，靡有所讳。"

大司空掾（古代官职）王横报告说："河入勃海（即今渤海）地，高于韩牧所欲穿处。往者天尝连雨，东北风，海水溢，西南出，浸数百里，九河之地已为海所渐矣。"

后来郦道元在《水经注》中也记述了这件事："昔在汉世，海水波襄，吞食地广，当同碣石，苞沦洪波也。"又说："昔燕齐辽旷，分置营州。今城届海滨，海水北侵，城垂沦者半。"

第十二章
神秘的海底地形

孩子们从安徒生童话《海的女儿》里，早就知道了海底的神秘风光。《西游记》中孙悟空拜访东海龙王的这段故事中，也有一个神奇的海底世界。

这都是真的吗？

不，童话就是童话，神话小说就是神话小说，怎么可以当真呢？

请问，海底到底是什么样子？

像洗澡盆一样平吗？

像饭碗一样呈圆弧形吗？

不，都不是的。它的形状可复杂了。海底既有千山万壑，也有一马平川的大平原，地形非常复杂。

让我们从海边起步，一步步走向"海底龙宫"，去看一看传说中龙王爷管辖的地方到底是什么样子。

话说到这里，必须申明一句：海边的水下地形十分复杂。例如我国台湾岛的东岸，一道陡崖笔直插下去，下面就是深不见底的深渊。谁要是稀里糊涂一脚跨过去，那就后悔也来不及了。

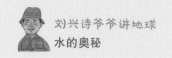

啪嗒，啪嗒，一步步踩着浅水往前走。海水起初只到脚后跟，慢慢到膝盖、肚子和胸口。走了很远也没有太深。

啪嗒，啪嗒，穿着潜水服接着往前走。潜入海中，隔着透明的海水，还看得见被水波映成蓝幽幽的太阳。也算不了太深啊！

这儿的水底和岸边的沙滩，似乎是连接在一起的，是一个非常平缓的斜坡，平均坡度只有不到1°，慢慢斜伸进大海。只不过前者在我们的视野内，后者盖着一层起伏的海水而已。这个斜坡上的海水，把海和陆分隔开来。

再继续往前，潜水服不管用了，换一艘小小的潜艇吧。

潜艇顺着这个水下斜坡一直往前开，又走了很远很远。离开海岸已经有几十千米、上百千米、好几百千米了，下面斜坡的坡度依旧没有太大的变化，依然是斜斜地、平缓地慢慢往前伸展。

让我们钻出海面，飞升到高空，仔细观察大陆的边缘吧！

看，沿海平原和水下浅海连接成一片。只不过一半露出来，一半泡在水下而已，浅海好像是大陆的"湿裙子"。

人们把这种大陆向海洋延伸的部分叫作大陆架，又叫"陆棚"。

大陆架是海岸向海延伸到大陆坡为止的比较平坦的海底区域。其范围起自低潮线，外缘止于海底坡度急剧增大处。

大陆架的深度一般在200米以下，地形非常缓。当海面下降的时候，它就露出来成为沿海平原，海面上升才被淹没，成为一片浅海。这里曾经是陆地，也有一些低矮的丘陵，甚至还有一条条远古时期的山脉，可以找到一些陆地动物的化石呢。

明白了。原来大陆架有这样的特殊经历，它的物质组成也很有特色。这里既有江河带来的泥沙，也有海洋的沉积。

在大陆架上还留有丰富的陆地"遗产"。因为海陆变迁，这

海洋的大陆架

里曾经布满森林，后来形成了泥炭和煤矿。这里还有许多别的陆源矿床。不用说，在陆地和海洋两种环境里形成的石油、天然气就更多了。包括海湾地区在内，世界上许多大油田，都散布在大陆架上。这里已经发现的矿床，除了前面说的这些，还包括铁、铜、黄金等好几十种呢。

有趣的是，在大陆架上，还藏着一条条河流的"尾巴"。

这是怎么回事儿？原来它是因陆地下沉或海面上升，海水淹没海滨的河谷或山谷后形成了狭长的海湾，水下还保存有古河道。海洋地质学家给它取名溺谷。

溺谷，这个名字非常形象化，似乎就是一条条"淹死"在海底的古河谷。以长江来说吧，它的溺谷就一直穿过舟山群岛，伸展了很远很远。如果把这一大段古河谷也算上，长江就更长了。

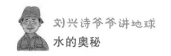

我国的渤海、黄海、东海，以及南海的大部分海域都在大陆架上，这些都是我国沿海平原的自然延伸。根据海洋法，这些海域连同其海域内的岛屿，都属于我国的领海，谁也不能侵犯，包括钓鱼岛在内。

从大陆架再往前走是什么？

那是向深海过渡的大陆坡。

听着这个名字，就知道是怎么回事儿了。

第一，它和大陆有关系。要不，怎么这样称呼呢？

第二，这是一个倾斜的大斜坡，坡度比大陆架大得多。如果大陆架仅仅是一个非常缓的斜坡，那么这里就非常陡峭了，二者差别非常明显。

大陆好像一块块巨大的"台地"，置放在深深的海洋盆地里。它的边缘有一圈平缓的大陆架和陡峭的大陆坡。在这个陡坡下面，才是广阔无边的海洋盆地。

地质学家说，这个大陆坡的坡脚，才是大陆和海盆理论上的分界线。

明白了吗？别管波浪在什么地方，从根本的地质构造来讲，这里才是大陆和大洋盆地的真正界线。

大陆坡和大陆架相比，不仅坡度大，宽度也小得多。

大陆坡的平均坡度为4.3°，超过大陆架好几倍。最陡的地方达到45°，和大陆架的差别就更加明显了。既然大陆坡是倾斜的，那么，这里每个地方的水深就不一样了。顺着斜坡往下，坡度越来越大。斜坡上有许多海底泥沙浊流冲刷形成的峡谷，在坡脚还形成了特殊的海底冲积锥。

明白了。大陆外面镶嵌着一圈大陆架，大陆架外面镶嵌了一圈大陆坡。大陆坡外面，才是真正的海底盆地。

大洋盆地可不是一马平川的海底大平原。在它的怀抱里有海底高原、丘陵、山脉和大大小小的深海平原、深海盆地等。

在世界大洋边缘，特别是包括千岛群岛、日本群岛、琉球列岛、中国台湾、菲律宾等亚洲东部的旁边，还有一连串幽深的海沟，结构就更加复杂了。

最深的海沟是马里亚纳海沟，它是世界上最低的凹地。南北延伸 2550 千米，最宽处约 70 千米，两边陡崖壁立，和南、北极点以及珠穆朗玛峰合称为"世界四极"。

美国科罗拉多州落基山脉的大陆架湖

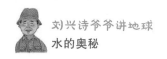

大西洋海底山脉

从前，人们认为海底是平的，好像是大盆子的底部。1873年，英国"挑战者号"调查船环球考察的时候，使用测深锤测量北大西洋的深度，发现这个大洋中心居然有一个地方比两边都高，好像是一条神秘的海底山脉。

1925-1927年，德国"流星号"调查船用回声探测仪详细测量，终于探明了在深深的大西洋底，有一条17000千米长的大洋中脊。它随着大西洋本身的"S"形弯曲，也同样呈"S"形弯曲。

第十三章
岛屿的出生卡

你瞧，海上散布着许许多多岛屿。有的大，有的小；有的高，有的低。有的大得不得了，小的有的只有一个巴掌大。有的高高耸起像一座山，有的平平躺在水波上，似乎一排大浪涌来就会被一下子吞掉。

请问，这些大岛和小岛都是同样的来历，它们是一个"妈妈"生下来的吗？

不，它们有不同的出生卡，不是一个模子里出来的。

咱们国家不仅是大陆国家，也是了不起的海洋国家。在祖国广阔的领海怀抱里分布着各种各样的岛屿，其种类非常齐全。

说起我国的岛屿，首先就得提起台湾岛和海南岛。它们一个是"岛老大"，一个是"岛老二"。

你看，台湾岛上有雄伟的中央山脉，海南岛上有巍峨的五指山。起伏不平的山地和丘陵，几乎布满了全岛。岛上简直和大陆风光一模一样。

为什么它们给人的感觉不是岛屿呢？让我们借用两句古诗来

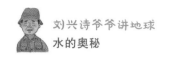
解释："不识庐山真面目，只缘身在此山中。"不识台湾、海南岛的真面目，只因为身在此岛上，看不清它们的全貌啊！

是的。初来乍到的客人抬头一看，觉得这儿简直就是一派熟悉的大陆风光，压根儿就和岛屿这个词儿对不上号。

说对了，它们原本就是大陆的一部分，后来中间生成一道海峡，才和大陆分隔开，成为东海和南海上的两个大岛。

请问，这是什么岛？它们的出生卡写得明明白白，这就是不折不扣的"大陆岛"。

舟山群岛也有一张相同的出生卡。

仔细看这个群岛，在海上排列成好几个岛链。原来这就是大

在飞机上鸟瞰台湾绿岛

陆山区的一条条山脊，若和大陆岸上的山脊线连接，可以看出二者的地质构造完全一个样。它是海面上升后才和大陆分开的，同样也是"大陆岛"。

中国的"岛老三"是长江口的崇明岛。

这个岛上没有山冈，甚至找不到一块石头。岛上铺满松软的泥沙，地形非常平坦。有趣的是它还在不断长大，面积也在悄悄变化。

咦，这是怎么回事儿？

原来它是长江泥沙淤积而成的，叫作冲积岛。崇明岛在唐朝还只是一个小小的沙洲，之后经过不断淤积才有了后来的模样。如今它的面积仅次于台湾岛和海南岛，已经成为我国的第三大岛和最大的沙岛了。

离海岸很远的海上，也有同样的冲积岛。我国的南沙群岛就有许多水上和水下沙洲，都在我们神圣的领海中。海上没有大江大河，哪来的泥沙呢？原来它是由海水从附近的珊瑚岛和珊瑚礁上带来的珊瑚沙堆积而成的。

陆地上有火山，海上也有火山，我们把海上火山喷发形成的岛叫作火山岛。它们大多分布在远离陆地的大海上，有的孤零零，有的排列成串。

广西北海市南边几十海里的地方，南北排成串的涠洲岛和夕阳岛就是火山岛。信不信由你，涠洲岛的港口就是一个半露在水面的圆弧形火山口，背后的陡崖堆积着厚厚的火山灰。一艘艘渔船从火山口里进进出出，不由得使人产生一种特别的感觉。这里是有名的旅游景点，不管谁来到这儿，都会忍不住咔嚓拍一张照片。

温暖的南海上，还有许多珊瑚岛和珊瑚礁。海中美丽的珊瑚是各种各样海洋生物栖息的好地方。

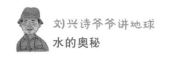
有的小岛距离大陆很近，甚至和大陆之间藕断丝连。潮水退下去的时候，人可以踩着刚刚露出水面的湿漉漉的路，啪嗒啪嗒地走来走去，真好玩。

这种岛是陆系岛，也可以算是一种特殊的"大陆岛"。根据它和大陆的连接关系，又可以细分为以下两种类型。

一种是正在发育中的陆系岛。涨潮时和岸边分离，落潮时可以通行。辽宁省锦州市海边的笔架山就是这样的。落潮的时候，人可以沿着一条低矮的沙堤走上岛去。此山是当地一个有名的旅游景点。

另一种是发育完成的陆系岛。不管涨潮、落潮，都和陆地岸边紧紧联系在一起，已经完全成为陆地的一部分。人们在联系陆地的沙堤上，修造了许多街市，还可以开着汽车来来往往呢。山东省烟台市的芝罘岛就是这样的陆系岛。

小卡片

珊瑚岛和珊瑚礁

建造珊瑚岛礁的珊瑚虫非常娇气，对生活环境非常挑剔。它怕冷，也怕热，只能生活在水深小于 50 米，阳光和氧都很充足，海水纯净，含盐度正常，水温在 20°C 左右的浅海里。所以珊瑚岛礁大多分布在南北纬 30 度之间的热带、亚热带海洋上，有"海洋中的热带雨林"的美誉。

它们有的分布在大陆架上，有的在大洋中心的海底火山堆上，主要集中在南太平洋和印度洋。

珊瑚礁有岸礁、堡礁和环礁三种类型。

岸礁又名裙礁，它紧紧挨靠着海岸，好像是一圈天然防波堤，保护着海岸不受波涛冲刷。

　　堡礁环绕在一座孤岛四周，中间隔着一片湖或者海面。有时还有一块块零零星星的珊瑚礁分布。

　　环礁中间没有小岛，只有一个潟湖。湖水比较浅，也非常平静，和外面汹涌的大海形成鲜明的对比。

　　世界上最大的珊瑚礁群是澳大利亚东北岸外的大堡礁，绵延伸展约 2000 千米，平均宽 50 ~ 60 千米，最宽处 240 千米，最窄处仅 19.2 千米，面积 20.7 万平方千米，水深 35 ~ 70 米，气势宏伟壮观。这里有 400 多种珊瑚，1500 多种鱼类，300 万只海鸟，还有包括绿色海龟、巨蛤在内的多种珍稀海洋动物，是科学研究和旅游观光的好地方。

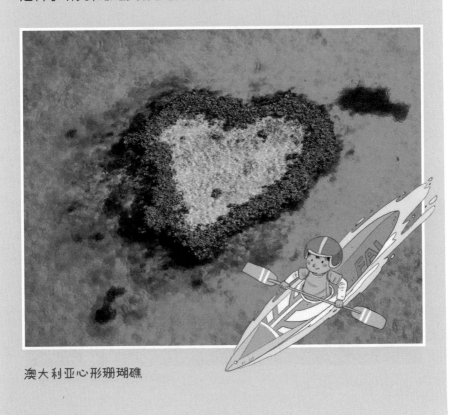

澳大利亚心形珊瑚礁

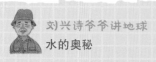

你知道吗？

崇明岛名字的变化

唐代初期，崇明岛只是两个小小的沙洲。在水流的影响下，其位置和大小都很不稳定，一会儿出现，一会儿又悄悄消失了。因为它有这个鬼鬼祟祟的脾气，所以叫作崇明洲。

后来长江带来许多泥沙，崇明洲逐渐淤积变大。因有人居住在此，渐渐受到人们关注。五代时期这儿设立了一个小镇，因为"崇明"不好听，岛名就改作崇明岛了。从"崇明洲"到"崇明岛"的名字变化，十分形象地阐明了这种冲积岛的发展特点。

崇明岛日落

故事会

幽灵岛事件

大海上有一种特别的幽灵岛，一会儿出现，一会儿消失，神秘极了。

1831年7月10日，一艘意大利轮船经过地中海西西里岛附近，突然看见海上冒出一股高高的水柱。这可不是一般的水柱。据这艘船的船长和水手们目测，其直径大约有200米，简直像是从水下突然冒出来的一幢大楼，看得大家目瞪口呆，不知道是怎么回事儿。

使人更加惊奇的事情还在后面呢。想不到这股水柱像是魔法师，转眼间又变成了一股黑色的烟柱，一下子腾起500多米高。海上顿时烟雾滚滚，似乎整个水面都燃烧起来了。

啊，这可不是一件小事。船长立刻测出了它的位置是东经12°42′15″、北纬37°1′50″，并将其记录在航海日志上。

8天后，这艘轮船又从这里经过。船长和水手们怀着极大的兴趣，想看一下当初冒烟的地方还有没有什么新情况。不看不知道，一看吓一跳，想不到这儿竟出现了一座从来也没有见过的新岛。

他们看花了眼睛吗？

不，他们绝对没有弄错。这个小岛已经露出水面好几米高，岛上还在丝丝袅袅冒着蒸汽呢。

船长重新在航海日志上记录了一笔，同时按照航海常规，再次把这个小岛标绘在海图上。由于从前谁也没有见过它，船长暂时给它取名无名岛。按照它的大小，说它是一块礁石也没有什么不对。

这个小小的礁岛是怎么生成的？从一切征兆分析：它是由水下火山活动造成的火山岛。

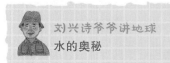

　　这艘轮船是经常行驶这条航线的，所以有机会随时观察它。船长一笔一笔认真记录了火山岛的变化情况。一个月后，这座无名小岛好像被注入了特殊的催生剂似的，已经有60多米高了，围绕一圈大约有4.8千米长。这已经不是一块无足轻重的礁石，而是一座很大的岛屿了。为了进一步掌握情况，船长命令停船调查。只见岛上布满了纺锤形的火山弹、火山渣和火山灰，没有任何动植物和其他生命迹象。船长意识到它的重要意义，立刻向自己的政府报告。

　　由于这里来往船只很多，别的国家的船只也发现了它，各自向本国政府报告，就这样，这个岛一下子就成为新闻报道的焦点。除了意大利，英、法、德等国也先后派专家前往勘查测量，研究它的军事及民用价值。英国动作最快，立刻给它取名费迪南德岛，宣布属英国所有。

　　英国可以这样做，别的国家就不可以吗？其他各国也纷纷提出主权要求，甚至派出军舰巡逻，或者提出外交照会。结果争吵成一团，谁也不让谁。

　　那么，在这场争吵中，谁取得了最后的胜利呢？说来有趣，正当各国政府剑拔弩张时，这个事件的主角却像是害怕吵闹似的，渐渐变了样子。

　　到了当年的9月9日，小岛生成后还没有满两个月，它一下子缩小到原来的八分之一。又过了两个月，它招呼也不打一个，就消失得无影无踪了。争论得面红耳赤的人们觉得没趣，只好一个个偃旗息鼓收兵回营。时间久了，人们也渐渐把它遗忘了。

第十四章
海进和海退

大海，总是起伏动荡个不停。它似乎是一个永远也不肯安静的精灵。

你可知道，大海是怎么个动荡法呢？

千万年来，在它的悠久历史中，就仅仅是潮进潮退小打小闹地沉浮起落吗？

不。在它漫长的生命过程中，还曾经大幅度前进后退、高涨又低落呢。

请你把目光转移到遥远的地质时期吧。那时候的起落进退变化，可不是什么风的吹拂以及别的细微因素所造成的海平面短时间、小范围的变化。

那得从更加宏观的角度来观察——由于地壳升沉、气候变迁，整个地球范围内有了长时间、大范围的变化。

古时候，人们就发现了"沧海桑田"的现象。以一个地区来说，海为陆，陆为海，不知互换了多少回。

你看，北京西边的群山里，就有遥远地质时期留下的石灰岩

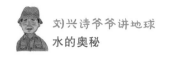

分布。这就是那里昔日是海洋的证据。

你看，黄海海底发现过象化石，岂不是从前曾为陆地的证据吗？

地球有46亿年历史，海平面不知变化有多大。我们不扯太远了，说什么遥远的古生代、中生代的海陆分布。只看最近10万年以来，我国东部沿海的海平面变化吧！

大约在10万年前，第四纪的倒数第二次冰期结束后，全球进入了温暖的间冰期阶段。冰川大量消融，从而引起海平面上升，淹没了华北平原和苏北平原许多地方，沧州地区也被海浸。

大约在7万年前，最后一次冰期来临。世界大洋的海面下降了100多米，海水退出了渤海盆地和黄海、东海的大部分地方。原来是波涛汹涌的大海，这时露出了干涸的海底，并形成一片片广阔的森林、草原，成为一群群动物活动的地方。海岸线一直推到今天韩国的济州岛附近，长江则远远流到日本冲绳海槽才入海。人们在浙江打钻发现，当时该地区海平面大约下降了70米。

到了距今4.5万年前，气候又变暖和了，并发生了新的海浸。海水一直淹到河北省中部的献县一带，叫作献县海浸。不用说，渤海、黄海和东海又是一片汪洋。

大约在1.8万年前，是最后一次冰期的第二阶段，海平面又下降了150米。整个黄海成为一片大平原，喜欢寒冷的披毛犀、猛犸象到处出没，一直迁移到日本的北海道。古人类也从华北出发，把细石器带到了日本。东海也变成了平原，古人类迁移到了台湾。在这个时候，大批古人类也沿着白令陆桥进入了北美洲。

大约在1万年前，进入了冰后期，气候重新变得温暖潮湿，冰川消融。因此海面上升，发生了黄骅海浸。

四川瞿塘峡出土的古象化石

后来在 8500 年前、6800 年前，都曾经发生了新的海浸。

我们关心的是未来海平面的变化将会对人类生活造成多大的影响。大家应该知道，除了不可抗拒的自然因素，不合理的人为因素也会影响海平面的升沉变化。科学家预言，如果人们不注意控制二氧化碳的排放量，气温将会在温室作用下提高，使两极和高山的冰川融化，导致全球海平面上升。

在这种情况下，未来海平面将会上升多少呢？科学家的估计不一样。1985 年在奥地利维拉赫开的一次会议认为，如果大气里的二氧化碳增加一倍，全球地表平均温度就会升高 1.5 ~ 4.5℃，海平面相应上升 20 ~ 140 厘米。这个问题非常重要。后来又估算了好几次，最后在 1995 年的一次会议上，大家一致同意到 21 世

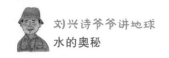

纪末，全球海平面将上升 30 ~ 90 厘米，上升 50 厘米最有可能。

海平面上升 50 厘米，将会造成什么影响？请你翻开地图仔细看一看就明白了。

今天世界上大多数人和主要的工农业生产基地都分布在沿海低平原上，有的地方地势非常低洼。荷兰国土面积的三分之一左右低于海平面，大片低地只能依靠筑堤保护。太平洋和印度洋上还有许多岛屿的地势也很低，一些珊瑚礁岛屿海拔最高也不超过两米，在 1 米以下的不少。未来海平面上升一丁点儿，带来的灾难性后果就可想而知。一些大洋岛国将会彻底消失，包括纽约、上海、东京在内的许多城市将会变成汪洋大海，涌现出一批批特殊的环境难民。

海平面仅仅上升 50 厘米算得了什么？随着世界气候自然发展，加上人类自己干的傻事，若使南北极地区的冰川统统融化掉了，人类面临的灾难还会更大。科学家计算，仅仅是南极冰盖全部消失，就可以使全球海平面升高 5 ~ 6 米，沿海大部分平原就会彻底淹没。人类受到的损失，将比历史上所有的战争加起来还大。

让我们好好爱护环境吧，千万别让那一天来临。

阿姆斯特丹机场的特殊标识

我第一次到荷兰的阿姆斯特丹机场时，抬头看见一根奇怪的标志杆，活像一根笔直竖起来的尺子，周身刻着许多刻度，似乎是为了丈量什么东西用的。我站在下面，还没有它的一半高。

仔细一看，只见高高的杆顶有一只小小的古代多桅帆船；下面每隔一米，钉着一条木头鱼，总共有4条木头鱼。不知道是什么意思。

这不是广告牌，也不是指路的标志，而是海平面往下计算的高度标志。眼前这个机场的地面，在海平面4米多以下。幽默的荷兰人用这个非常形象的办法，提醒旅客此处的海拔。如果海水浸漫过来，人们就会变成鱼儿了。

第十五章

海拔、海拔

请问，著名的五岳有多高？

测量部门报告：东岳泰山海拔 1532.7 米，西岳华山海拔 2154.9 米，南岳衡山海拔 1300.2 米，北岳恒山海拔 2016.1 米，中岳嵩山海拔 1491.7 米。

这儿不停地说"海拔""海拔"。

请问，"海拔"是什么意思？

海拔就是从海平面算起的高度。

不说还好些，这么一说，可真有些糊涂了。

谁不知道，海平面不是坚硬的地面。别说滔天的海浪、早晚的潮汐，就是没有风的日子，大海也总是动荡不定的。俗话说"无风三尺浪"，就是这个意思。有人问：那为什么要用这么不安分的海平面作为测量的标准呢？

问得有道理。但是，不用它，又能用什么做基准呢？

没办法！实在没有更好的办法。到今天为止，不管山高水深，都只能用海平面作为起算的基准。

你想知道水有多深？

请你就从水面一直往下测量吧。内陆的河湖有多深，从当地水面往下测量。要想知道大海有多深，就只能从海平面算起了。

你想知道山有多高？

这包含了两个意思：

第一，说的是这座山，从山脚到山顶有多高？

第二，意思是从海面算起，它到底有多高？

第一种是相对高程，用仪器直接从山脚开始测量就可以了。

这种方法虽然很简单，可是不能和别的山相互对比。

世界上不同的山，山脚起点高度是不一样的，怎么能够相互对比呢？

想要世界上所有的地形都能够对比，只能采用同样的起算点，即用海平面作为基准。

海拔、海拔，就是从海上拔起的高度嘛。

永远不平静的海平面，怎么能作为精密测量的基准呢？

人们采取的是多年平均海平面。经过许多年的观测记录，就能得出比较可靠的数据了。

从前我国把长江口的吴淞海平面作为大地测量基准点，使用了许多年。

这里有长江流过，水情变化非常复杂。为了让测量更加精确，从 1957 年开始，我国的测量部门就开始使用青岛验潮站的黄海海平面作为大地测量的基准面了。以这里作为起点，在广阔的陆地上建立一个个可靠的测量基准点。以后要测量附近的地方，只需要以这个基准点为基础进行测量，就能保证不出错。珠穆朗玛峰和三山五岳的高度，就是这样测量出来的。

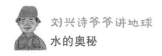

世界屋脊，雄伟的珠穆朗玛峰

　　这是中国大地测量的起点，其他国家有不同的标准。有的国家用最低的低潮海面，有的则用平均低潮海面。虽然和中国有些差别，但总的来说相差不算太大。不然，同一座高山，同一个湖面，按照不同国家的标准，得出不同的高度，岂不是乱套了？